Texte de ... ols
... bi
Tr...
Révisi... ...g

Le tyrannosaure

Le roi des dinosaures

EH Héritage jeunesse

J'ai un ami. Il est si féroce
qu'il en a effrayé plus d'un.

Il est si fort que même les hommes les plus musclés tous réunis ne pourraient l'emporter.

Il est si courageux que
je ne crains personne.

Ses dents sont si grandes...

qu'il faut un seau et une vadrouille
pour les lui brosser!

La première fois que je l'ai emmené chez le dentiste, celui-ci a eu la peur de sa vie.

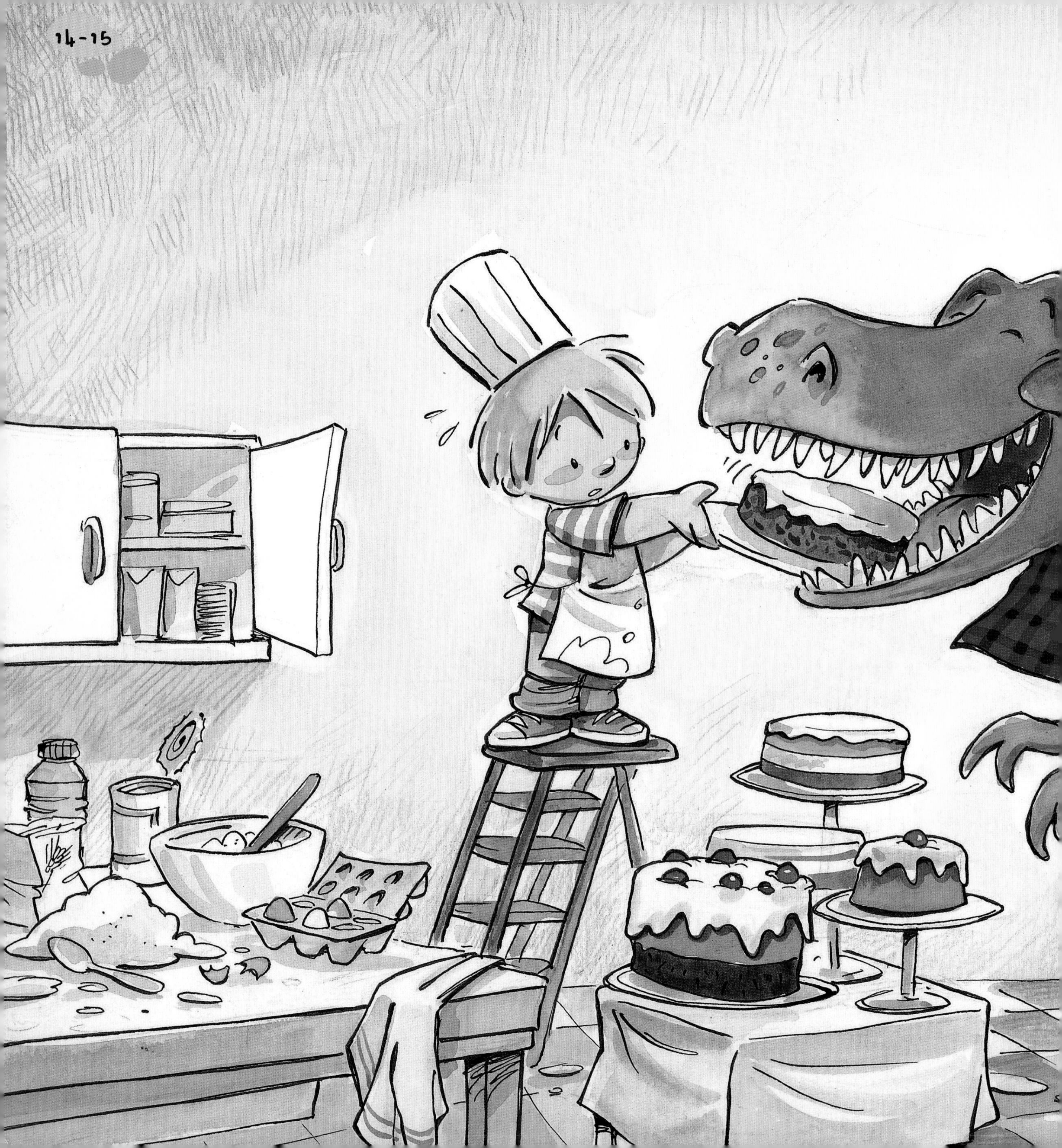

Il est toujours affamé. Il peut
engloutir quinze gâteaux au
chocolat et trente crèmes glacées
à la fraise pour le petit déjeuner,
et avoir encore un petit creux.

Il est difficile de le contredire,
car il a toujours le dernier mot.

Il a demandé un vélo
au père Noël.

Chaque fois qu'il s'amuse avec ses amis,
il doit jouer le rôle du méchant.

Sa queue est si longue et si lourde qu'il faut utiliser la pelle mécanique de mon père pour la déplacer.

Il est si rapide que les pilotes de course
ne le voient même pas passer.

Sais-tu qui est
mon ami ?

C'est le **TYRANNOSAURE** qui dort chaque nuit avec moi. Fais de beaux rêves!

Aucun autre dinosaure
n'avait un crâne aussi puissant.
Celui-ci pouvait mesurer
jusqu'à 3 mètres de long.

Sa vision binoculaire
lui permettait
d'avoir un champ de
vision très large.

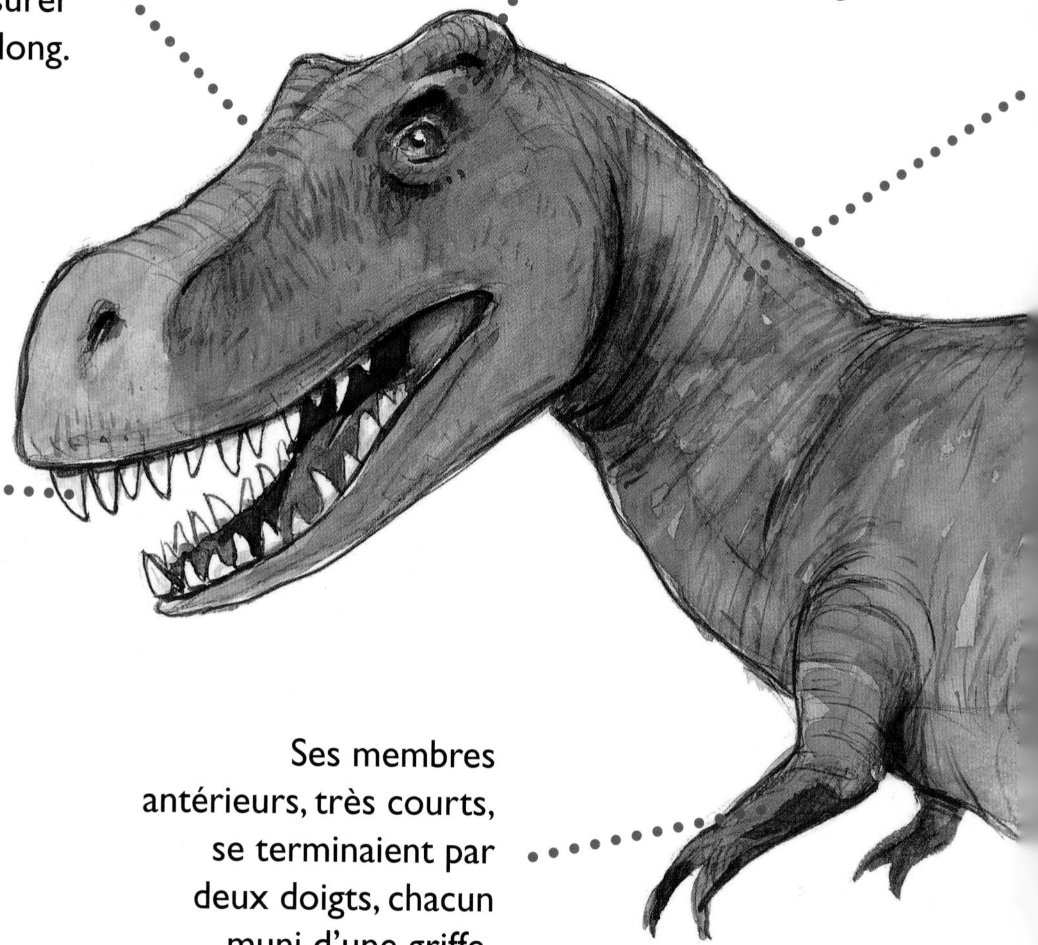

Il avait de nombreuses
dents pointues,
de formes diverses.
La plus grosse qui a
été trouvée mesurait
30 centimètres de long.

Ses membres
antérieurs, très courts,
se terminaient par
deux doigts, chacun
muni d'une griffe.

Le tyrannosaure

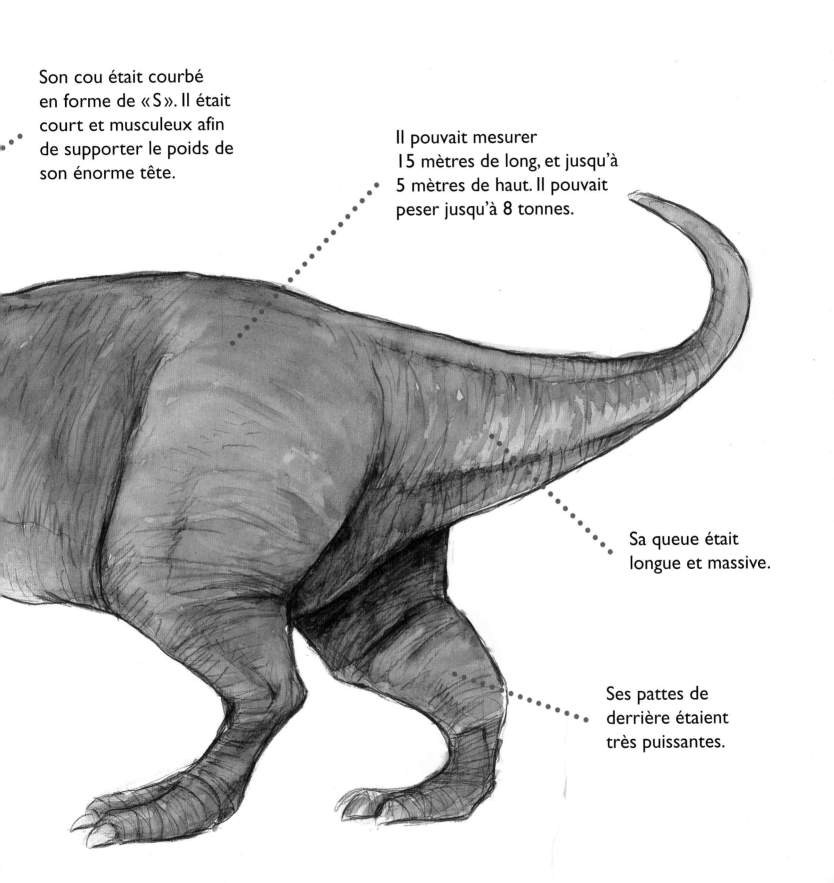

Son cou était courbé en forme de «S». Il était court et musculeux afin de supporter le poids de son énorme tête.

Il pouvait mesurer 15 mètres de long, et jusqu'à 5 mètres de haut. Il pouvait peser jusqu'à 8 tonnes.

Sa queue était longue et massive.

Ses pattes de derrière étaient très puissantes.

DESCRIPTION SCIENTIFIQUE DU TYRANNOSAURE

Son nom latin, *tyrannosaurus rex*, signifie « roi des lézards tyrans ».

Le tyrannosaure a vécu pendant le Crétacé, il y a 135 à 65 millions d'années. Les deux continents, Nord et Sud, tels qu'ils étaient pendant le Jurassique se sont peu à peu transformés pour devenir les continents que nous connaissons aujourd'hui. Pendant cette période, le climat était beaucoup plus froid, les saisons étaient très marquées, et les premières fleurs ont apparu.

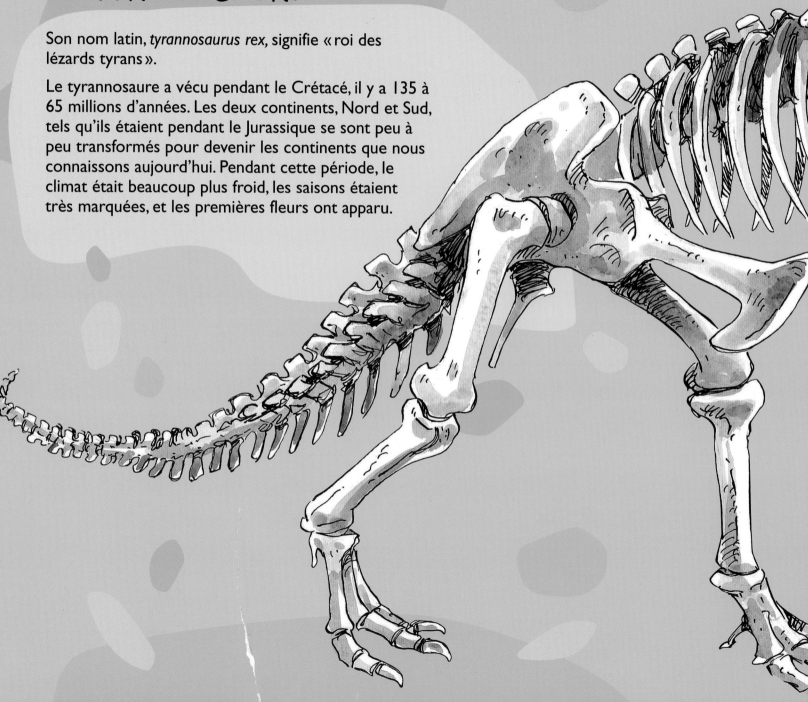

CURIOSITÉS

- Le tyrannosaure est considéré comme le plus grand animal ayant jamais vécu sur Terre.
- Il pouvait tourner la tête dans toutes les directions.
- Sa longue et lourde queue faisait contrepoids avec sa tête et son tronc massifs.
- C'est Barnum Brown, un important chercheur de dinosaures, qui a découvert les premiers fossiles de tyrannosaure.

CARACTÉRISTIQUES

Le tyrannosaure était un dinosaure bipède carnivore, ce qui signifie qu'il marchait sur deux pattes et mangeait de la viande. Ses pattes de derrière, très puissantes, étaient placées sous son corps.

Ses membres antérieurs, aux doigts griffus, étaient petits, mais étonnamment forts malgré leur taille. Les muscles de son cou devaient être extrêmement développés pour soutenir le poids de son énorme crâne. Ses dents pointues étaient munies de crochets pour déchirer la viande. Lorsque certaines dents cassaient ou s'usaient, d'autres poussaient.

Le tyrannosaure était un chasseur féroce, et peu d'animaux pouvaient échapper à ses attaques. Lorsqu'il chassait, il grognait férocement et il pouvait tuer ses proies d'une seule morsure. Il était en fait très bien adapté pour cela : il était

grand et très fort, ses dents étaient redoutables, et il semble avoir eu des sens de l'odorat, de l'ouïe et de la vue très développés pour attraper ses proies. Le tyrannosaure devait manger beaucoup de viande pour satisfaire son appétit. Il attaquait les autres espèces de dinosaures, et la plupart d'entre eux se tenaient à l'écart de ce grand prédateur. Grâce à la position de ses yeux, il avait une excellente vision pour la chasse, comparativement aux autres dinosaures. Il était doté d'une extraordinaire vision binoculaire.

Ses muscles étaient très développés pour pouvoir déplacer son énorme corps. Afin de compenser un tel volume, beaucoup d'os de son squelette étaient creux, ce qui diminuait son poids sans pour autant nuire à sa force. Le tyrannosaure a vécu là où se trouve aujourd'hui l'Amérique du Nord.

à propos des dinosaures

Leur nom signifie « lézard terrible et puissant ou reptile imposant ». Les dinosaures étaient un groupe d'animaux très variés qui vivaient sur Terre il y a des millions d'années. L'époque à laquelle ils vivaient est divisée en trois grandes périodes : le Trias, le Jurassique et le Crétacé. Tout ce que nous savons de ces créatures nous vient des fossiles, c'est-à-dire des restes de plantes et d'animaux qui ont vécu il y a très longtemps et qui se sont transformés en pierres.

Grâce à ces restes d'os, d'empreintes, de peau et d'œufs fossilisés, nous savons ce que les dinosaures mangeaient, comment ils se déplaçaient, et comment ils naissaient. Les paléontologues sont des scientifiques qui étudient les fossiles. Lorsqu'ils trouvent les restes d'un dinosaure, ils doivent avant toute chose les déterrer avec beaucoup de précautions. Ils transportent ensuite le matériel dans un laboratoire en évitant de l'endommager. Les fossiles sont souvent recouverts d'un plâtre comparable à celui qu'utilisent les médecins pour immobiliser une jambe fracturée. Plus tard, tous les restes qui ont été récupérés sont nettoyés, puis le squelette est

assemblé un peu à la manière d'un casse-tête. Plusieurs de ces squelettes sont exposés dans différents musées du monde.

Grâce aux chercheurs et aux scientifiques, nous savons maintenant que les dinosaures éclosent, comme le font de nos jours les oiseaux et les reptiles. Leur peau devait être rugueuse et très épaisse, un peu semblable à celle des crocodiles. Nous ne savons pas, en revanche, de quelle couleur elle était. Nous savons également que plusieurs d'entre eux étaient herbivores, ce qui signifie qu'ils se nourrissaient de plantes, et que d'autres étaient carnivores, c'est-à-dire qu'ils se nourrissaient de viande.

Certains dinosaures, les bipèdes, marchaient sur deux pattes ; d'autres, les quadrupèdes, marchaient sur quatre pattes ; d'autres encore pouvaient marcher indifféremment sur deux ou quatre pattes. Bien qu'ils soient connus pour leur taille énorme, certains dinosaures n'étaient pas plus grands qu'un homme et parfois même plus petits.

Le tyrannosaure

Tous droits réservés
© 2011 Gemser Publications, S.L.
Texte de Anna Obiols
Illustrations de SUBI – Joan Subirana
Conception et mise en pages : Gemser Publications, S.L.

Pour le Canada
© Les éditions Héritage inc. 2012
Traduction de Martine Perriau
Révision de Danielle Patenaude

ISBN : 978-2-7625-9392-1

Imprimé en Chine

EH Héritage jeunesse